CW01646715

TUTORIAL SU PILE, ACCUMULATORI e BATTERIE

Marco Paganini

200

in riga edizioni

ingegneria elettrotecnica

Le fotocopie per uso personale del lettore possono essere effettuate nei limiti del 15% di ciascun volume dietro pagamento alla SIAE del compenso previsto dall'art. 68, commi 4 e 5, della legge 22 aprile 1941 n. 633.
Le riproduzioni per finalità di carattere professionale, economico o commerciale o comunque per uso diverso da quello personale possono essere effettuate a seguito di specifica autorizzazione rilasciata da CLEARedi (attività di gestione diritti di EDISER srl), corso di Porta Romana n. 108, 20122 Milano, tel. 02-89280804, e-mail info@clearedi.org, sito web www.clearedi.org.

Chiusura redazionale: Novembre 2021

Copyright © 2021

in riga edizioni
Via Sant'Isaia, 6 - 40123 Bologna
ISBN 9788893643450 (volume) - 9788893643467 (ebook)
e-mail: info@inriga.it
internet: www.inriga.it

INDICE

Introduzione

In questo Tutorial tratteremo in modo **sintetico** (**non** vogliamo scrivere una inutile **enciclopedia** sull'argomento) di:

- **Differenza** tra pile, accumulatori e batterie *(che nel seguito, se non occorre distinguerle, chiameremo genericamente* ***batterie****)*
- Le **caratteristiche** generali delle batterie
- La loro **chimica** o diversa **tecnologia**
- I sistemi di **ricarica** degli accumulatori.
- Le **forme**, le **dimensioni** e le **sigle** delle batterie più diffuse.

Ci occuperemo, nello specifico, delle batterie per l'**elettronica**, quindi quelle di dimensioni e capacità **contenute**, trattando solo brevemente delle grandi batterie usate ad esempio negli autoveicoli, nei centri di calcolo, negli UPS, nei sistemi di accumulo per impianti fotovoltaici, ecc.

Ci interessa soprattutto mettere in evidenza le **varie sigle** che permettono di **riconoscere** le diverse batterie, al di là dei dati tecnici che possano essere stampigliati su di esse (tensione, polarità, tecnologia, capacità, ecc), dato che la **sigla** di una batteria è un elemento fondamentale per riconoscerne il **tipo**, e l'**uso** per cui è predisposta. Il problema è che esistono anche alcune **equivalenze** tra sigle distinte: la **stessa** batteria può avere nomi **diversi**… *mumble, snort!*

Pile, accumulatori e batterie

Sul Web viene, giustamente, fatta questa prima **distinzione** terminologica:

1. Si definiscono **pile**, o "generatori elettrochimici **primari**", quei tipi di generatori che sono **usa e getta**, cioè che **non** si possono **ricaricare**
2. Si definiscono **accumulatori**, o "generatori elettrochimici **secondari**", invece, quei tipi di generatori che **si possono ricaricare**
3. Si definiscono **batterie** i pacchi di **pile** o **accumulatori**, collegati **in serie**, costruiti per fornire una **tensione** più alta ai loro terminali.

Simboli, per gli schemi elettronici, di pile e accumulatori singoli e in batteria:

Elemento singolo: 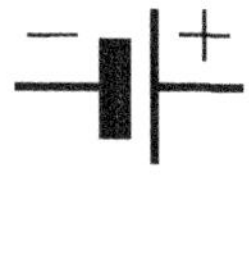 Batteria: 

Personalmente**, usiamo però spesso questi **due termini:

- ***pila** per indicare un "generatore **primario**" **non ricaricabile**, con qualunque livello di **tensione** (ad esempio: 1,5 – 3 – 4,5 Vcc …), quindi una pila / cella singola, o un pacco di pile in serie in un unico involucro*
- ***batteria** per un accumulatore, o un pacco di più accumulatori in serie ("generatore **secondario**" **ricaricabile**), molto comune nei PC, nei tablet, nei telefonini, nelle macchine fotografiche e in altri mille "aggeggi" elettronici.*

*Questo uso forse **non** è del tutto **corretto**, ma crediamo che sia piuttosto **diffuso**.*

Solo batterie elettrochimiche?

Un'altra questione terminologica riguarda l'aggettivo "**elettrochimici**", usato sul Web, e che non sempre è corretto, dato che alcuni **accumulatori** (solo loro, non le pile) si basano su un principio fisico dell'**elettrostatica**, e non hanno alcuna base chimica, come nel caso dei **condensatori** (o dei super-capacitori), o dei nuovi elementi al **grafene**, in cui l'energia accumulata è data solo dall'**attrazione** tra le cariche positive e quelle negative, tenute distanti tra loro (altrimenti si crea un "corto") da un isolante, detto **dielettrico**.

Simbolo del **condensatore** (ad es. "elettrolitico", in cui sono ben distinti i poli positivo e negativo):

Il **singolo elemento elettrochimico** genera **tensioni da 1 a 3,7 Volt**, come descriveremo meglio nei vari casi; anche gli accumulatori **elettrostatici** sono limitati a tensioni **non molto più elevate** (fino a **6 Volt**) come vedremo.

Solo tensioni e correnti continue!

Per chi ha un minimo di conoscenze di **elettrotecnica**, necessaria per capire quanto segue, è **inutile** precisare che parliamo qui solo di **tensioni** e **correnti continue**, talvolta esplicitate con le sigle **Vcc**-Volt in Corrente Continua / **Vdc**-Voltage of Direct Current, per la **tensione** elettrica; e con **Icc** / **Idc** per le analoghe misure dell'Intensità della **corrente**, o "Amperaggio". Tutta l'**elettronica** "si alimenta" solo di tensioni e correnti **continue**.

Una pila o batteria **non** erogherà **mai** invece tensioni o correnti **alternate** (**Vac**-Voltage of Alternate Current o **Iac**-Intensity of Alternate Current), che sono state inventate, e sono usate, solo per la loro praticità nella **trasformazione** tra diversi livelli di tensione, e quindi per il **trasporto** e la **distribuzione** dell'energia elettrica dalle centrali di generazione agli utenti finali.

1. Caratteristiche delle batterie

Una batteria è caratterizzata fondamentalmente dai valori di alcune **grandezze elettriche**, e da **altri aspetti**, che ne descrivono la struttura e l'uso.

- **Tensione** elettrica nominale, espressa in **Volt** (V). Sono molto comuni le batterie da 1,5 V, da 3 V, da 3,7 V, ecc. Equivale per analogia, in un circuito idraulico, alla **pressione** che essa creerebbe sul liquido
- **Capacità**, espressa in **Ampere-ora** (Ah). Indica la **quantità** di energia che la batteria contiene, ed è analoga ai **litri** di liquido contenuti. Una batteria da 4 Ah può erogare in teoria, alla sua tensione nominale, 1 Ampere (A) per 4 ore, o 0,2 A per 20 ore… *Attenzione:* ***non*** *parliamo di* ***Ampere/ora****, che è una grandezza elettrica INESISTENTE! Gli Ampere-ora dicono quanta corrente viene erogata PER quanto tempo, non DIVISO il tempo!*
- **Capacità specifica** in funzione del peso e/o del volume. Sono migliori le batterie che offrono la maggiore capacità col minor "ingombro"
- **Tempo di ricarica**: dice se l'accumulatore si può ricaricare con **correnti elevate**, e quindi in **tempi brevi**, o richiede tempi più lunghi
- **Effetto memoria**: la presenza e l'impatto di questo effetto può limitare la vita della batteria, se i **cicli** di carica e scarica **non sono completi**, o se sono **troppo distanziati** tra loro; la **resistenza interna** aumenta, e la batteria **perde** di fatto buona parte della sua **capacità**
- **Durata o vita**, sia in **termini assoluti** di tempo in cui la batteria risulta ancora valida e funzionante, anche se con ridotte capacità (entro certi limiti prestabiliti), sia in funzione dell'**uso** più o meno **intensivo** che se ne fa, esprimibile ad es. come n. di **cicli** di carica e scarica ammessi
- **Inoltre**: il **costo** in rapporto alla durata, la **sicurezza** nell'uso e il suo possibile impatto **ambientale**, specie nello smaltimento (le batterie possono contenere mercurio, cadmio, piombo…).

Il fattore di forma

Come vedremo, ci sono batterie **cilindriche** (anche molto piatte, dette "a bottone"), e in forma, più o meno, di **parallelepipedo**, tra cui quelle piatte rettangolari degli **smartphone** o dei **tablet**. Anche quelle dei **PC laptop** sono di questo tipo, anche se con spigoli più **tondeggianti** per seguirne il "case".

2. La chimica delle pile, non ricaricabili

Vediamo le basi **chimiche** delle pile più comuni, senza le **reazioni** di **ossi-riduzione** e la **stechiometria.** Lasciamo **alla storia** la prima pila **rame-zinco** di Alessandro **Volta** (1799) e le sue varianti **Daniell** (1836) e **Bunsen** (1841).

P1 – Pile zinco-carbone (Zn + C)

Sono le pile **più classiche**, secondo quanto ideato da Georges **Leclanché** nel 1866; sono anche dette "**pile a secco**", per il brevetto di Carl **Gassner** del 1886, che eliminò il liquido elettrolitico, sostituendolo con una **pasta gelatinosa** composta da biossido di manganese e cloruro di ammonio, con polvere di carbone (conduttiva).

Il contenitore in **zinco** funge da **anodo**, o polo **negativo** (–), la barretta di **carbone** o **grafite** infilata nell'elettrolita da **catodo**, o polo **positivo** (+). La **reazione di ossidazione** che genera la differenza di potenziale avviene tra la parete di zinco e la pasta elettrolitica, mentre il **catodo in grafite** e la polvere di carbone servono solo come conduttori, per il rientro degli elettroni emessi dal polo negativo (**anodo**), che attraversano il carico alimentato dalla pila.

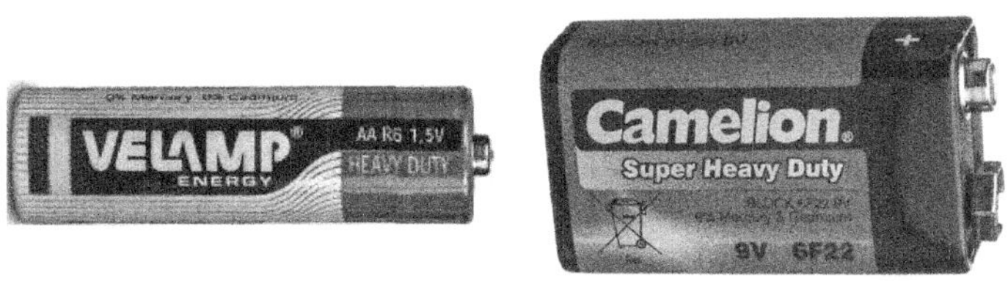

Queste pile hanno una tensione nominale di **1,5 V per elemento** e costano **poco**, ma hanno durata **limitata**, anche perché tendono ad **autoscaricarsi** piuttosto in fretta, e presentano una **tensione** di scarica **poco stabile**. Sono adatte un po' per **tutti gli usi**, ma **non** sono **ottimali** sotto alcun aspetto.

P2 – Pile alcaline (con elettrolita KOH)

Sono un'**evoluzione** delle pile zinco-carbone (L. **Urry**, 1950), basate sempre sulla reazione tra lo **zinco** e il **biossido di manganese**, ma in forma di polvere, dispersi in una pasta gelatinosa di **idrossido di potassio**, **alcalina**, che funge da **elettrolita**, e tenuti separati da una **membrana**. Hanno **lunga durata**, **bassissima autoscarica** e non consumano il loro **contenitore**; non producono **gas** nel loro funzionamento, e garantiscono la tensione nominale di **1,5 V** in modo molto **costante**, anche erogando **correnti elevate**.

P3 – Pile all'ossido di argento (Ag_2O)

Inventate da Samuel **Ruben** nei primi anni '50, e vendute a partire dal 1957, sono state utilizzate per vari decenni soprattutto nel settore **aeronautico**. Il **costo elevato**, per la presenza dell'argento, le ha rese oggi meno competitive, ma continuano ad essere commercializzate per gli **orologi**, le **calcolatrici**, le protesi **audio**, ecc.

Queste pile "**a bottone**" sono **simili** come struttura a quelle **al litio** e **al mercurio** (vedi poi), con le due solite paste gelatinose **alcaline** divise da una **membrana**: una pasta contiene **polvere di zinco**, e l'altra **ossido di argento**. La capacità specifica è anche il **doppio** di quella delle pile **alcaline**. La tensione fornita è di **1,55 V**, ed è molto **stabile**. **Non** sono però in grado di erogare **correnti elevate**.

P4 – Pile al litio (e biossido di manganese - MnO_2)

Queste pile, tipicamente prodotte "**a bottone**", **non** vanno confuse con gli accumulatori agli Ioni di litio (Li-ion), che vediamo nel seguito.

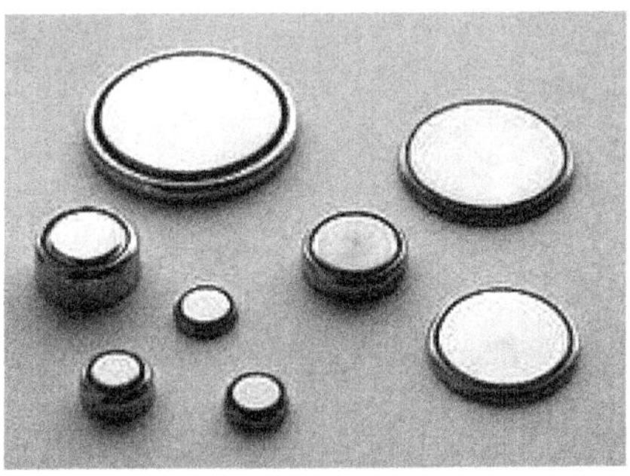

Queste piccole batterie, inventate da società americane e giapponesi nel 1970, hanno una **grande capacità specifica** (fino a 400 Wh/kg), e sono basate su **litio** in solvente "**aprotico**" (carbonato di propilene o 1,2-dimetossietano, che non rilasciano ioni H^+) all'anodo, e da un composto ossidante (**biossido di manganese** o, più raramente, **biossido di zolfo**) nello stesso solvente al catodo, separati da una **membrana** come quella delle pile alcaline, permeabile agli ioni, ma non alle sostanze disciolte nel solvente.

Hanno una tensione nominale di **3 V**, e **vita lunga**, sia in stoccaggio (si scaricano solo del 2% all'anno), sia sotto carico. Non rilasciano **gas**, risultando pertanto **sigillabili**, per cui sono anche utilizzabili in **impianti chirurgici** come i pace-maker. Hanno però un **costo** abbastanza elevato, e sono purtroppo **infiammabili**, per la presenza del solvente organico.

P5 – Pile al litio-cloruro di tionile (Li-$SOCl_2$)

In extremis, **verso la fine** della stesura del Tutorial, abbiamo scoperto che esistono queste **nuove pile**, *non ancora documentate su Wikipedia*. Tuttavia pare siano state già inventate negli **anni '50** per applicazioni aerospaziali.

Risultano prodotte soprattutto da **SAFT**, ma ormai se ne trovano anche di **Tadiran, Robiton, RS, Farnell, Fanso** e altri. Come si vede, i **formati** coprono i vari valori delle pile e accumulatori al **litio** (14250, 17330, 26500, 34615...) di cui parleremo in coda, a proposito dei modelli **cilindrici**.

Le spiegano bene gli URL https://technoluxpro.com/it/batarejki/li-socl2.html e https://www.repcomsrl.com/cat/batterie/litio-cloruro-di-tionile/.

Si tratta di pile **non ricaricabili** caratterizzate da un **anodo** in **litio** metallico (il contenitore esterno), un **catodo** in **carbone** e un **elettrolita** pastoso in **cloruro di tionile** ($SOCl_2$, quindi un atomo di zolfo, uno di ossigeno e due di cloro) che è **tossico**, rilasciando anidride solforosa, cloro e cloruro di zolfo.

Hanno una **tensione** nominale di **3,6 V**, la **più alta** delle **pile** in commercio, **capacità** maggiore di ogni altra pila (600 Wh/kg), e bassissima **autoscarica** (< 1%/anno), quindi sono adatte ad applicazioni che contano su una durata fino a **20 anni**, e per questo sono di solito dotate di un "**case**" **ermetico**. Anche il range operativo di **temperatura** è elevato: da –60° a +100°. Le **correnti**, invece, sono basse, non superando i **150 mA**.

Queste pile **non sono intercambiabili** con quelle al **litio classiche** (cfr. P4), avendo un **voltaggio** diverso; forse anche per questo sono rare quelle **piatte** o "a bottone", e **non** hanno la **stessa forma** delle altre, come vedremo.

Pile meno comuni

P6 – Pile Weston

Nel 1893, Edward Weston ha realizzato una "pila a umido", a base di **mercurio** e **cadmio** all'**anodo**, e di una pasta di **solfato mercuroso** al **catodo**, con **elettrolita** dato da una soluzione satura di **solfato di cadmio** ($CdSO_4$), oggi sostituita da una soluzione insatura, più stabile.

È detta da allora "**pila di riferimento**", in quanto fornisce una **tensione** estremamente stabile, ed è stata quindi usata per la **calibrazione** dei voltmetri per quasi 80 anni, dal 1911 al 1990. Poi ne è stata **vietata** la produzione, per l'alta **tossicità** dei suoi componenti.

P7 – Pile zinco-aria

Le pile zinco-aria (o, più genericamente, metallo-aria) furono inventate da Charles **Frey** nel 1914, e perfezionate negli anni '70. Sono usate in applicazioni medicali e per apparecchi a basso consumo. Sono costituite da due contenitori metallici inerti, infilati uno nell'altro in posizione opposta tra loro, tenuti distanziati sul perimetro da un isolante in plastica per evitare il cortocircuito. Il contenitore **interno** è l'**anodo** (–), quello **esterno** il **catodo** (+).

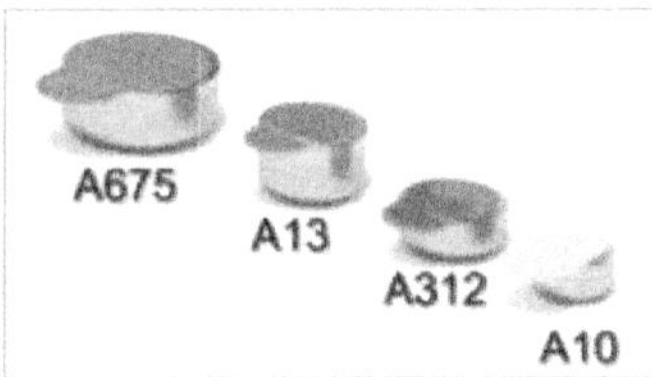

Alcune batterie zinco-aria. Il protettore colorato protegge il catodo dal contatto con l'ossigeno dell'aria

L'**anodo** è riempito da una pasta gelatinosa umida **alcalina** a base di **idrossido di potassio**, contenente **polvere di zinco**. Il **catodo** è forato nella parte piatta, e i forellini sono protetti all'interno da un filtro di **carta** e di **teflon**, permeabili all'**ossigeno** dell'aria (O_2), che può quindi raggiungere un diverso strato di pasta alcalina, separata dall'altra pasta dalla solita **membrana** permeabile agli ioni.

La tensione è molto stabile e pari a **1,65 V**; il costo è **basso**; la struttura consente solo di costruire pile piuttosto **piccole**.

P8 – Pile al mercurio (Hg), o Ruben-Mallory

Furono inventate da Samuel **Ruben** nel 1942, e furono usate durante la II Guerra mondiale per applicazioni **militari** (walkie-talkie, metal detector, ecc). Negli anni seguenti trovò impiego negli **orologi**, nelle **calcolatrici** e in altri **apparati** di piccole dimensioni e basso consumo.

La struttura è la stessa delle pile **al litio**, con due paste gelatinose **alcaline** a base di **idrossido di potassio**, separate dalla solita **membrana** pervia agli ioni: una contiene **polvere di zinco**, e l'altra **ossido di mercurio**. Data l'elevata **tossicità** del mercurio per la vita e l'ambiente, e a motivo della scorretta modalità di **smaltimento** spesso adottata, a partire dagli anni '90 hanno cominciato ad essere **vietate** in tutto il mondo occidentale.

Queste pile forniscono una tensione nominale di **1,3 V**, con **basse correnti**.

Curiosità su Ruben e Mallory

Samuel Ruben *nacque ad Harrison il 14 luglio 1900 e morì a Milwaukie il 16 luglio 1988. Nel* ***1921*** *fondò a New York i* ***Ruben Laboratories*** *e, poco tempo dopo, conobbe* ***Philip Rogers Mallory****, col quale costituì la* ***The Mallory Battery Company****. Questa, nel* ***1964****, introdusse sul mercato una fortunata famiglia di pile* ***alcaline*** *e* ***al litio****, col marchio…* → DURACELL .

Le pile "fai-da-te"

È possibile costruire con mezzi di fortuna pile amatoriali, ad esempio usando come ***pasta elettrolitica*** *la polpa di una* ***patata*** *(meglio se* ***lessa****) o di un* ***limone****.*

Infilando in essi a poca distanza (3-4 cm) due ***elettrodi****, uno di* ***zinco*** *e uno di* ***rame****, si ottiene una pila che genera una tensione di circa* ***0,85 V****, come si vede nella batteria a lato, che mette in serie… 4 limoni. Alla lunga gli elettrodi* ***si corrodono*** *e la pila smette di funzionare, ma il suo* ***costo è bassissimo****.*

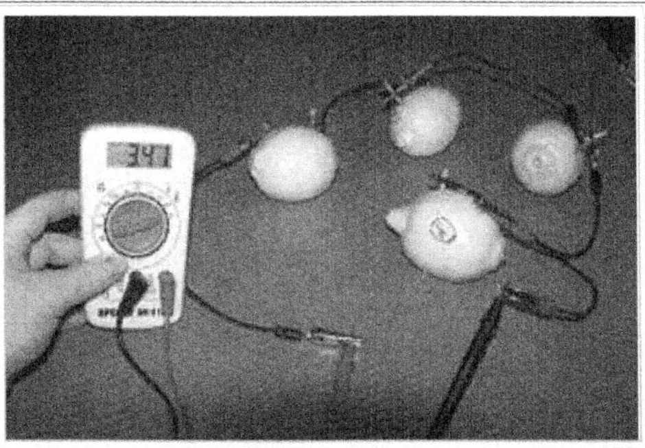

Una batteria costruita con 4 limoni.

P9 – Celle a combustibile o Fuel cells

Le celle a combustibile, i cui albori risalgono alla fine del 1800, cominciarono a trovare applicazioni concrete nell'industria **aerospaziale**, essendo usate sullo **Shuttle** dagli anni '70, dove producevano anche **acqua** per l'equipaggio.

Viene fatto notare che, a differenza delle **pile** viste sopra, in cui l'energia è immagazzinata **nella pila** stessa, nelle **Fuel cells** l'energia sta **nell'idrogeno** con cui esse sono alimentate, da cui **estraggono** energia elettrica e acqua.

I **reagenti** abituali di queste batterie sono **idrogeno** e **ossigeno**:

- l'**idrogeno** viene fornito alla pila da un **serbatoio** sotto alta pressione, o si ottiene per **elettrolisi** dell'acqua (processo energicamente dispendioso, che potrebbe consumare tutta l'energia prodotta dalla pila, rendendo inutile il sistema), o essere estratto da **idruri metallici**, che lo rilasciano gradualmente, e sono molto più **sicuri** del serbatoio sotto pressione.
- l'**ossigeno** viene prelevato dall'**aria**, che ne contiene il **21%** (se secca).

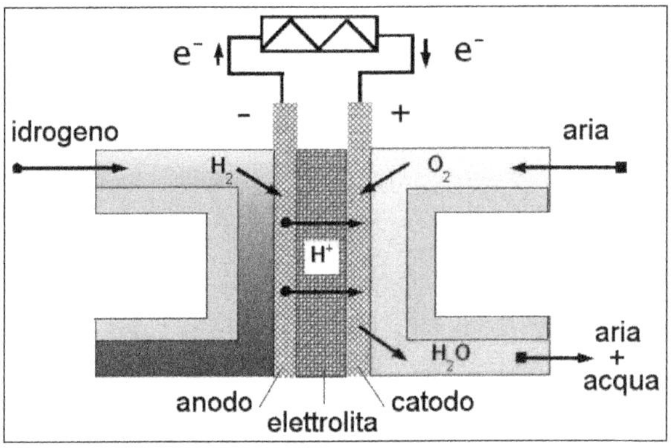

Principio di funzionamento delle pile a combustibile (da Wikipedia)

Esistono molte **varianti** delle Fuel cells, molte di esse ancora **sperimentali**:

- quelle con **membrana a scambio protonico**, o PEM, con membrana in **nafion** (della DuPont) ed elettrodi in **platino**; lavorano solo fino a 100° e producono pericoloso monossido di carbonio (CO); la variante con membrana in **polibenzimidazolo** e **acido fosforico** va fino a 200°
- quelle a **ossido solido**, o SOFC, che usano materiali **ceramici** come membrana, e **idrocarburi** invece di idrogeno; vanno fino a 800-1000°
- poi: quelle ad **acido fosforico** (PAFC); quelle **alcaline** (AFC); quelle a **carbonato fuso** (MCFC); quelle a **metanolo diretto** (DMFC), ecc.

3. La tecnologia degli accumulatori, ricaricabili

Le batterie ricaricabili sono oggi molto comuni, per il continuo diffondersi di apparati che ne fanno uso, dagli **smartphone** e **tablet** ai **PC laptop**, dagli **e-reader** ai vari **player** audio/video, fino ai **droni** e alle **automobili** ibride ed elettriche (ma anche quelle a combustione interna, per l'avviamento).

A1 – Accumulatori Piombo-acido ($Pb + PbO_2 + H_2SO_4$)

Dal 1859 (!), sono quelle dei **veicoli**, costituite da **6 o 12 elementi** in serie, ciascuno con tensione di circa **2 Volt**, per un totale di **12 V** (**24 V** sui camion).

L'**anodo** (–) è di **piombo** (Pb, detto "spugnoso"), mentre il **catodo** (+) è di **diossido di piombo** (PbO_2); entrambi sono immersi in una **soluzione acquosa** elettrolitica con **acido solforico** (H_2SO_4). La semireazione di **ossidazione** all'**anodo** genera una tensione di **0,36 V**, mentre quella di **riduzione** al **catodo** genera **1,69 V**. La tensione totale di una cella è quindi di **2,05 V**, che si riducono a **2 V** sotto carico.

Le **capacità** tipiche vanno dai **50 Ah** in su, ma il **peso** di queste batteria è notevole, e anche la loro **pericolosità** per la presenza dell'**acido solforico**, del **piombo**, e della possibilità di generare **idrogeno** alla fine della fase di carica, con pericolo di **esplosione** in ambienti chiusi.

In compenso l'**autoscarica** è inferiore allo **0,1% giornaliero**, e non si dà alcun **effetto memoria**, nonostante i continui cicli di carica e scarica parziale. La **corrente di picco**, erogata all'avviamento, può raggiungere i **3-400 A** nei motori **diesel**. La **corrente di carica** ideale è pari a **1/10** della capacità, quindi qualche Ampere (con cui la batteria si ricarica da zero, in teoria, in 10-12 ore). Se ben trattate, ad esempio col rabbocco dell'elettrolita quando necessario, queste batterie possono avere una **vita superiore ai 10 anni**.

Esistono batterie simili, ma **stagne**/sigillate, di tipo **al gel** o **AGM**, e al **litio**.

A2 – Accumulatori al Nichel-metallo idruro (NiMH)

Queste batterie sono un'**evoluzione** (1980) di quelle al Nichel-cadmio (vedi poi); il **catodo** è, come nelle NiCd, di **ossi-idrossido di nichel** (NiOOH) mentre l'**anodo** che assorbe idrogeno è di una **lega speciale** (idruro di lantanidi con nichel e/o alluminio) invece che di **cadmio**, tossico. L'elettrolita è sempre **alcalino**, di solito una pasta di **idrossido di potassio** (KOH).

La loro **capacità** (da 1200 a 3000 mAh per una stilo AA) può essere **doppia** o **tripla** rispetto alle batterie **NiCd** di pari dimensioni, e con **minor "effetto memoria"**. Rispetto alle batterie **Li-ion**, invece, presentano **minor densità** energetica (circa 70 Wh/kg), e **maggior** tendenza all'**autoscarica**.

La **tensione** nominale a vuoto è di 1,35 V, che **sotto carico** scende a **1,2 V**, piuttosto **costante** (alla fine raggiunge il minimo di circa **1 V**), ed eroga **correnti moderate**, avendo resistenza interna superiore a quella delle batterie NiCd. Il **costo** è un po' **superiore** a quello delle equivalenti batterie NiCd.

Può essere ricaricata fino a **1000 volte**, ma facendo attenzione a non eccedere la carica **massima**, perché ciò potrebbe produrre un **danno** all'accumulatore. Per evitarlo, speciali caricabatterie controllano o la comparsa del "**delta pick**" (un lieve calo di tensione ai poli quando si raggiunge la carica massima), o la **temperatura** del pacco, che non deve mai superare i 50°. In altri casi, la protezione è affidata alla batteria stessa, che contiene un **circuito** di controllo della carica, o un **interruttore a pressione** che ferma la carica quando i gas generati in over-charge fanno aumentare la pressione interna.

A3 – Accumulatori agli Ioni di litio (Li-ion)

Inventati e perfezionati da John **Goodenough** *(=abbastanza buono!)*, Stanley **Whittingham** e Akira **Yoshino** nel 1991 (che per questo hanno ricevuto il Premio **Nobel** per la chimica nel **2019**), questi accumulatori usano **litio ossido di cobalto** al **catodo**, e **grafite** o **titanato di litio** all'**anodo**, in **sale di litio** con solvente **organico**, come **elettrolita** Sviluppi degli anni dopo il 2005 promettono migliorie, con elettrodi creati da appositi **nanomateriali**.

Hanno **alta densità** di energia (tra i 100 e i 250 Wh/kg), poco **effetto memoria** e bassa **autoscarica** (attorno al 2-5% al mese). L'elettrolita però è **infiammabile**, e questo le espone a provocare **esplosioni** o **incendi**.

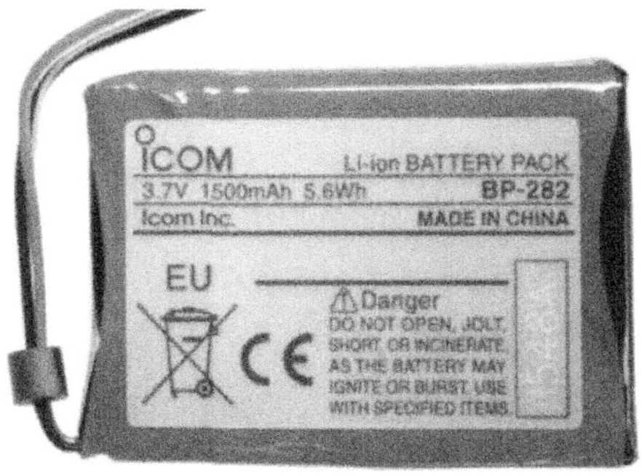

La **tensione** nominale è di circa **3,6-3,7 V**, intermedia tra la **massima** a vuoto a fine carica (**4,2 V**) e la **minima** sotto cui non va mai scaricata (**3,1 V**). La **corrente di carica** ideale è attorno a **1/10** della capacità della batteria. La **conservazione** è migliore per le batterie **cariche al 50%**.

Le batterie Li-ion sono di solito protette da **perdite** ed **esplosioni**, ma possono **gonfiarsi**; è assolutamente **sconsigliato forare** il loro involucro!

A4 – Accumulatori al Litio ferro fosfato ($LiFePO_4$ o LFP)

Inventati ancora da John **Goodenough** nel 1996, presentano una maggiore resistenza **termica**, una maggiore resistenza all'**invecchiamento** e una più alta **corrente di picco**, rispetto alle normali batterie Li-ion. Usano **carbonio** all'**anodo**, **litio-ferro-fosfato** ($LiFePO_4$) al **catodo**, ed **elettroliti vari**.

Possono esser caricate fino a **2000 volte**, con **correnti** anche **superiori** alla capacità della batteria (carica in 10-15 minuti). Usando **ferro**, sono inoltre **più** "**green**" di alcune batterie Li-ion, che possono comprendere **cobalto**.

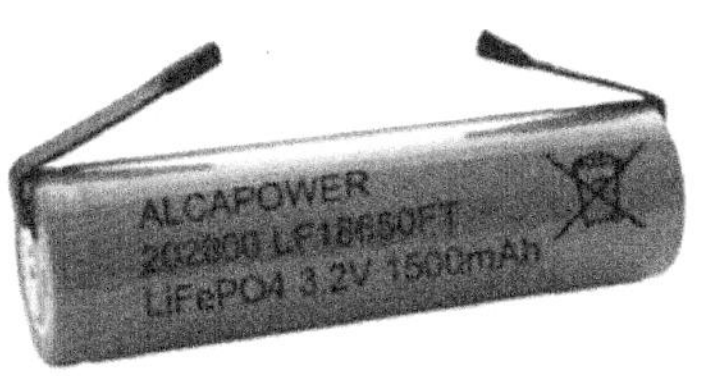

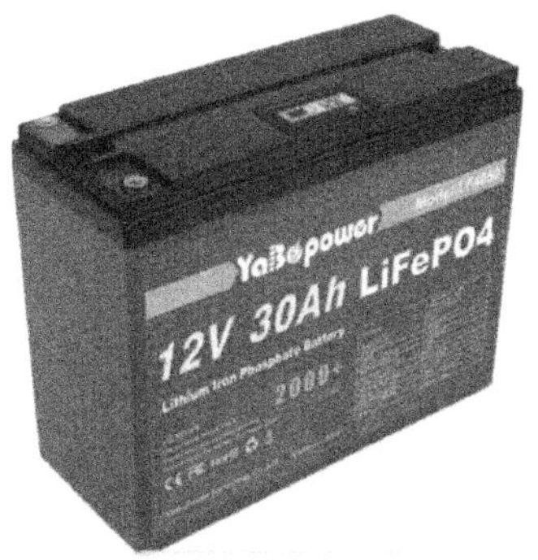

La **tensione** nominale è di **3,2 V**, molto **stabile**. Sono una promettente e valida **alternativa** alle batterie classiche Li-ion, molto **economiche**, e molto impiegate nell'**autotrazione**, nelle **bici** a pedalata assistita, ecc. Le tipiche **capacità** vanno da **1000 a 15000 mAh** per quelle cilindriche (es. 18650, vedi poi) e **da 20 a 1000 Ah** per quelle a parallelepipedo per autotrazione.

A5 – Accumulatori al Litio ione polimero (Li-Poly o Li-Po)

Anche questa batteria è un'**evoluzione** della Li-ion, nella quale l'**elettrolita** al sale di litio in solvente organico è sostituito da un **polimero solido**, ad es. di **poliacrilonitrile**, non infiammabile. Cominciarono a diffondersi nel **1996**, dopo la caduta del **Muro di Berlino**, essendo in precedenza un **segreto militare** sovietico (ma noto anche agli americani).

La costruzione è di tipo **laminare** (elettrodo-elettrolita-elettrodo) e **flessibile** e quindi non necessita di contenitori rigidi/metallici, ma può **adattarsi** alla forma dei contenitori ove va collocata (cosa particolarmente preziosa per i telefoni cellulari sempre più compatti). La **densità energetica** è **maggiore** di quella delle batterie Li-ion, e **tripla** di quella delle NiCd e NiMH. L'**anodo** è di **litio-carbonio**, l'elettrolita è un **polimero**, il **catodo** è $LiCoO_2$ o $LiMn_2O_2$.

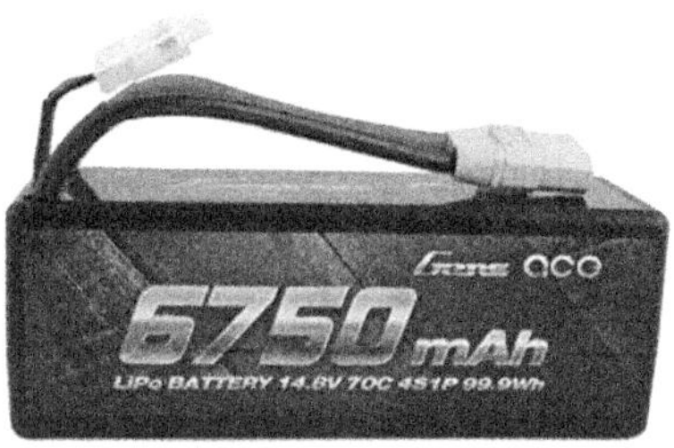

La **tensione** nominale varia dai 2,7 V delle celle scariche, ai 4,2 V di quelle cariche, attestandosi mediamente sui **3,5-3,6 V**. I **cicli** di carica e scarica non superano oggi i **500**, ma i modelli "a film sottile" hanno superato i **10000**. Il **tempo** di carica, con alimentatori **specifici**, è mediamente di **un'ora**, ma nuovi sviluppi lo stanno riducendo a **pochi minuti**. La tendenza all'**auto-scarica** è **inferiore** a quella delle batterie NiCd e NiMH.

Avendo bassissima resistenza interna, una batteria Li-Po **può esplodere** se cortocircuitata, o **incendiarsi** se forata. I circuiti utilizzatori dovrebbero **limitare la corrente** assorbita, per evitare di danneggiare le batterie.

Il **costo non bassissimo** è ritenuto accettabile ad esempio nel modellismo, dati i pesi ridotti e la notevole capacità.

Ci sono **molti sviluppi** in corso su questa promettente tecnologia, ma tutto il settore delle batterie al **litio** è un po' **frenato** dalla carenza mondiale di questo **metallo raro**, la cui **estrazione** è complicata e costosa, ed è **monopolizzata** da pochi produttori mondiali (es. FMC, oggi Livent, e CHEMETALL, tedesca, del gruppo BASF →).

Accumulatori meno comuni

A6 – Accumulatori Nichel-cadmio (NiCd)

Presentiamo le batterie NiCd tra quelle meno comuni, perché sono ormai **vietate** in alcuni paesi dal 2004, per la presenza del **cadmio**, che è **tossico** e pericoloso. Inoltre, nonostante supportassero fino a **1000 cicli** di carica e scarica, soffrivano molto del famigerato **effetto memoria**, che ne limitava la capacità dopo alcuni cicli di carica e scarica incompleti. Un altro **difetto** era la possibile formazione, a batteria carica ma non usata, di **dendriti** interni, sottili cristalli conduttori che potevano creare un fatale **corto circuito**.

Queste batterie furono inventate da Waldemar **Jungner**, in Svezia, nel **1899**, ed hanno il **catodo** di **ossi-idrossido di nichel**, e l'**anodo** di **cadmio puro** o **idrossido di cadmio**, in elettrolita **alcalino** (KOH).

La **tensione** fornita era di **1,2 V**, piuttosto **costante**, potevano erogare anche **correnti elevate**, e il tasso di **autoscarica** era dello **0,3%** al giorno. Il **costo** era abbastanza **basso**, se paragonato a quello di altri accumulatori simili.

A7 – Accumulatori Zinco-aria

Sono un'evoluzione delle pile sopra descritte, ancora **allo studio** da parte di ricercatori cinesi, tedeschi e statunitensi, che **sostituisce l'elettrolita** alcalino classico, che nelle pile "esaurisce" l'anodo, ossidandolo, con un elettrolita liquido a base di **trifluorometansolfonato di zinco**, un sale reso idrofobo, che evita all'acqua di avvicinarsi al catodo. La chimica è detta "**perossido di zinco reversibile**", amica dell'ambiente, sicura ed economica.

A8 – Supercondensatori (o supercapacitors)

Sono condensatori con capacità che, invece dei normali **mF** (milliFarad) o **µF** di quelli per **elettronica**, possono arrivare a **5000 F**, una carica enorme.

Il principio di funzionamento è quello **elettrostatico** dei condensatori, già accennato nella ns. introduzione (**attrazione** tra cariche di segno opposto), ma con l'aiuto della **chimica** per ottenere un moltiplicatore dell'**area** (A) dei due elettrodi affacciati tra loro, e una diminuzione della loro **distanza** (d). La **capacità** (C) di un condensatore, infatti, è data dalla formula: $\mathbf{C = \varepsilon A/d}$.

Ciò è ottenuto tramite una copertura di **carbone attivo** sugli elettrodi, fatti di **alluminio** o **ossidi** speciali, e dall'uso di **elettroliti** a base acquosa o organica o liquido-ionica, che garantiscono "finestre di potenziale" *(isolamenti)* fino a **6 Volt**; le **superfici** degli elettrodi si estendono così fino a **2000** $\mathbf{m^2/g}$, mentre le **distanze** tra gli elettrodi calano a **scala molecolare**.

A differenza dei condensatori **elettrolitici classici**, ove l'elettrolita forma, grazie all'**ossidazione** di una delle due armature, uno strato **dielettrico**, nei supercondensatori il dielettrico, che viene prodotto da una **polarizzazione iniziale** dell'accumulatore, è un **doppio strato di ioni** tra le due armature e l'elettrolita, entrambi di **polarità inversa** rispetto a quella delle armature.

Nonostante siano capaci di **carica e scarica rapidissima**, supportando quindi grandi correnti, la loro capacità energetica complessiva risulta simile a quella di altri tipi di accumulatori. Infatti la carica in **Ah** vale **F * Volt / 3600**; quindi **5000 F** a **3 V** equivalgono a **15000 Coulomb** e a una carica di **4,2 Ah**.

A9 – Accumulatori al grafene

Questa recente tecnologia utilizza il **nanomateriale** detto **grafene**, fatto da **strati molecolari di carbonio** in disposizione **esagonale**, e conduttivo.

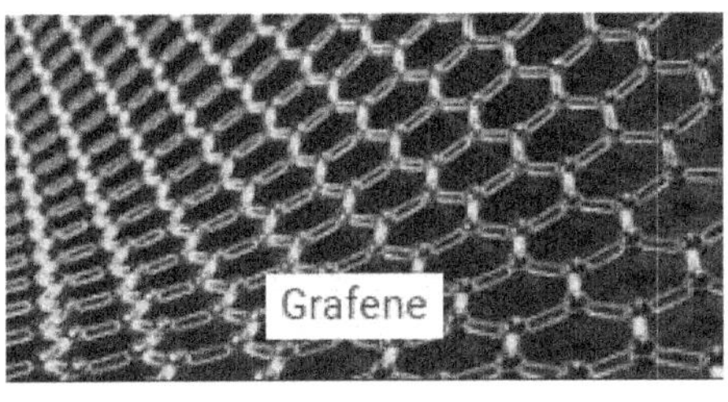

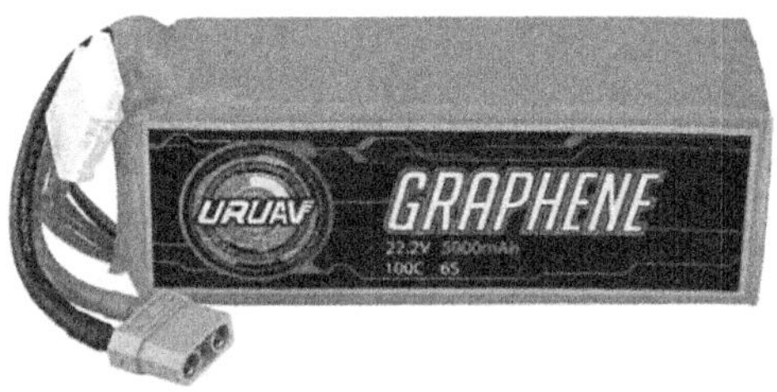

Di fatto gli strati di grafene formano le armature di un supercondensatore con **superfici** esposte **grandissime** e **spessore molecolare** (e quindi peso e volume molto ridotti), portando a capacità rilevanti. Ma il vantaggio principale è un **bassissimo tasso di degrado**, e velocità di **ricarica completa** dell'ordine dei **secondi**.

Cominciano ad essere disponibili **prodotti commerciali**, sia per l'**elettronica** (smartphone, tablet e PC), sia per l'**autotrazione**, purtroppo con **alti costi**.

4. Tabella riassuntiva di pile e accumulatori

Cerchiamo in questa tabella di fornire un **sommario** di quanto illustrato finora, limitandoci alle pile e agli accumulatori **più comuni** (P1-P5 e A1-A6), in cui includiamo le **batterie NiCd** (A6) per la loro ampia diffusione, anche se sono ormai vietate perché pericolose, data la presenza del cadmio.

Pila/Ac.	Anno	Anodo	Catodo	Elettrolita	Volt	Capacità	Autoscar.
P1 Zinco carbone	1866	Zinco (Zn)	Biossido di manganese + carbone	Cloruro di ammonio (NH_4Cl)	1,5 poco stab.	bassa	elevata
P2 Alcaline	1950	Zinco (Zn)	Biossido di manganese in polvere	Idrossido di potassio (KOH), alc.	1,5 sta-bile	media	bassa
P3 Ossido di argen.	1950	Zinco (Zn) in polvere	Ossido di argento (Ag_2O)	Idrossido di potassio, alcalino	1,55 sta-bile	bassa	bassa
P4 Litio e mangan.	1970	Litio (Li)	Biossido di manganese (MnO_2)	Solvente aprotico = no ioni H^+	3 sta-bile	elevata	bassa
P5 Litio-clor. di tionile	1950 ma… >2010	Litio (Li) metallico	Carbone (C)	Cloruro di tionile ($SOCl_2$)	3,6 sta-bile	Molto elevata	Molto bassa
A1 Piombo acido	1859	Piombo spugno-so (Pb)	Diossido di piombo (PbO_2)	Soluzione acido solf. (H_2SO_4)	2 sta-bile	media + grande corrente	media
A2 Nichel MH	1980	Idruro di lantanidi + Ni / Al	Ossi-idrossi-do di nichel (NiOOH)	Idrossido di potassio, alcalino	1,2 poco stab.	elevata	media
A3 Ioni di litio	1991	Grafite o titanato di litio	Litio ossido di cobalto ($LiCoO_2$)	Sali di litio in solvente organico	3,7 cala a 3,1	molto elevata	bassa
A4 Litio fer-ro fosfato	1996	Grafite / carbonio (C)	Litio ferro fosfato ($LiFePO_4$)	Ampia scelta (?)	3,2 molto stab.	elevata	bassa
A5 Litio ione polimero	1996	Litio-carbonio	$LiCoO_2$ o Li bioss. di Mn ($LiMn_2O_2$)	Polimerico conduttivo e adesivo	3,6 cala a 2,7	elevata	molto bassa
A6 Nichel cadmio	1899	Cadmio o idross. di Cd	Ossi-idrossi-do di nichel (NiOOH)	Idrossido di potassio, alcalino	1,2 sta-bile	media	bassa

5. I sistemi di ricarica degli accumulatori

Cominciamo annotando qui, in ritardo rispetto al trattamento già presentato degli accumulatori, che l'uso dei termini **anodo** e **catodo** in questo contesto è **impreciso**, perché il polo **negativo** è **anodo** e il **positivo** è **catodo** durante la **scarica** della batteria, ma durante la **carica** i ruoli **si invertono**: →

	Polo –	Polo +
Scarica:	**anodo** (emette elettroni)	**catodo** (riceve elettroni)
Carica:	**catodo** (riceve elettroni)	**anodo** (emette elettroni)

I **caricabatterie** sono di diverso tipo (e costo), e devono essere **adatti** al tipo di accumulatore da ricaricare.

- Quelli **più semplici** si limitano a "**pompare**" energia verso la batteria finché collegati, tipicamente a "**corrente costante**", ed è quest'ultima, se non dev'essere **sovraccaricata**, a limitare la carica con un circuito interno che **si stacca da solo** dal caricatore, per non "scoppiare" o danneggiarsi in vario modo.
- Altri sono più **sofisticati**, e possono misurare il **livello di carica** o la **temperatura** della batteria mentre la caricano, provvedendo da soli a **modulare** o **interrompere** la carica quando opportuno. Oppure, se la batteria è adatta e "lo gradisce", la caricano in **modo impulsivo** invece che a "corrente costante", ecc.

Se si fanno incontrare (o scontrare) un caricabatterie e una batteria **entrambi** "**stupidi**", ovviamente si potrebbero avere **problemi** *(mi è capitato di sentir scoppiare una piccola batteria a bottone che stavo sovraccaricando, e che generava gas al suo interno ☹).* Se invece si collegano due oggetti **intelligenti** il risultato può essere **ottimo**, perché entrambi prendono le loro precauzioni e tutto funziona bene, ma… non è detto a priori che l'intelligenza dell'uno sia **in linea** con quella dell'altro, e allora possono succedere **cose strane**.

In generale, inoltre, la carica può essere più **lenta** o più **veloce**, a seconda della **tecnologia** della batteria, e della **corrente** offerta dal caricatore. Si può andare da **diverse ore**, ai **minuti** nelle tecnologie più recenti, ai **pochi secondi** nei supercapacitori o nelle batterie al grafene. È importante poi che il caricabatterie offra la **tensione giusta** per le batterie da ricaricare, e anche che sappia erogare **abbastanza corrente**, secondo quanto la batteria richiede: se è troppo **piccolo**, andrà **in protezione** da sovraccarico, o potrà **bruciarsi**.

Tipi di caricabatterie

Passiamo rapidamente in rassegna i tipi di caricabatterie più comuni che il mercato offre agli utenti.

Per ricaricare la batteria dell'auto

Sono i caricabatterie usati degli **elettrauto** o dalle **officine**, o anche (magari meno professionali) dagli **autisti** particolarmente prudenti.

Ovviamente erogano una **tensione superiore** ai 12 V della batteria, circa 14-15 V; alcuni caricano anche batterie da 24 V, con le opportune tensioni. È molto importante il loro **amperaggio** (o potenza supportata), che deve essere sufficiente per la **Capacità** della batteria da caricare. Ad esempio, per caricare da zero una batteria al piombo-acido da **12 V** e **60 Ah**, occorrono per la **carica** detta "**lenta**" almeno **6 Ampere** (C/10) e circa **10 ore** (tra fase "**bulk**" che la porta in fretta all'80% a corrente costante, fase di "**absortion**" o "**topping**" che la porta al 100% con corrente via via ridotta, e fase "**float**", che la mantiene al 100% con un minimo di "rabbocco" se serve).

Tutti i caricabatterie "seri" hanno uno o più sistemi per **regolare** la corrente erogata, in base alla **tensione rilevata** e alla **corrente** che la batteria **accetta** di ricevere; **non** viene di solito rilevata la **temperatura**.

Le batterie al **gel**, **AGM**, o al **litio**, richiedono **correnti** e **tempi** diversi.

Non è detto che un caricabatterie per auto possa funzionare anche come **avviatore** della vettura a batteria totalmente scarica, in quanto l'assorbimento del motorino di avviamento può superare i **2-300 Ampere** (ossia, per pochi secondi, il motorino è quasi un corto circuito). Per i motori **diesel** lo spunto è anche **superiore**, perché il rapporto di compressione raggiunto nei pistoni è **doppio** (fino a 24:1, per ottenere l'autocombustione) di quello dei motori a benzina (12:1), e lo **sforzo** per far girare il motore cresce sensibilmente.

Per ottenere 5 Volt dall'accendisigari dell'auto

Per telefonini, tablet e PC portatili è possibile ottenere la ricarica della batteria tramite un **adattatore** da infilare nella presa dell'accendisigari dell'auto.

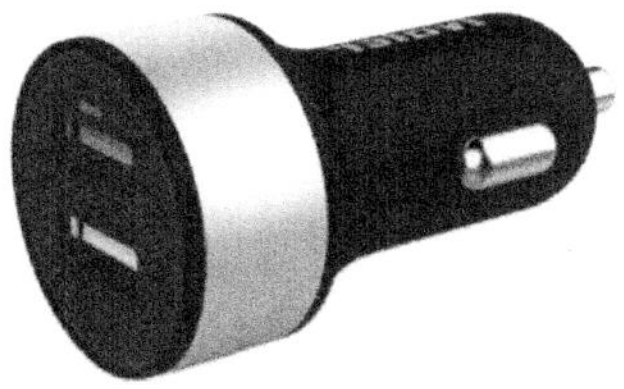

Questi "aggeggi", disponibili per pochi euro, **riducono** la tensione della batteria del veicolo ai **5 Vcc** necessari per ricaricare gli apparati elettronici. È importante che eroghino, almeno su una presa USB (se ne hanno più di una) la **corrente** richiesta, che ormai può raggiungere i **2 Ampere**.

Ci sono modelli **migliori** che integrano un **piccolo display** per indicare la **tensione** e la **corrente** erogate, e modelli ***pessimi***, *a nostro avviso*, con un **cavo fisso** al posto della presa USB Type A →.

Per presa elettrica, con cavo fisso o presa/e USB Type A

Sono i caricabatterie per elettronica **più diffusi**, forniti con ogni telefonino o tablet; è importante che un'uscita sia almeno da **2 A**. *Di recente qualche Vendor tende a non metterli più nella confezione, presumendo che "quello del telefonino precedente" vada ancora bene (è una raccomandazione anti-spreco anche delle Autorità internazionali).*

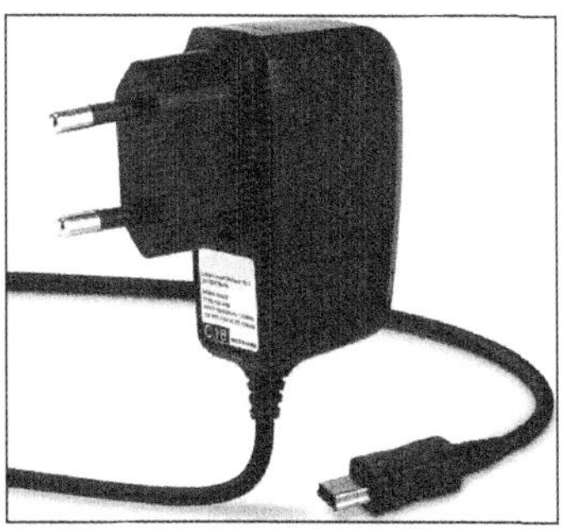

Per presa elettrica, con vano batteria

Questi caricabatterie hanno varia **foggia** e diverse **funzionalità**. Come si vede nelle seguenti immagini-campione, possono caricare accumulatori **stilo** di misura **AA** o **AAA**, o batterie **9V**; possono essere dedicati a batterie Li-ion in formato **18650** o **16340** o **14500**, che vedremo; o essere fatti apposta per ricaricare i pacchi batteria **Li-ion a 18 o 36 V** di trapani e simili attrezzi; ecc.

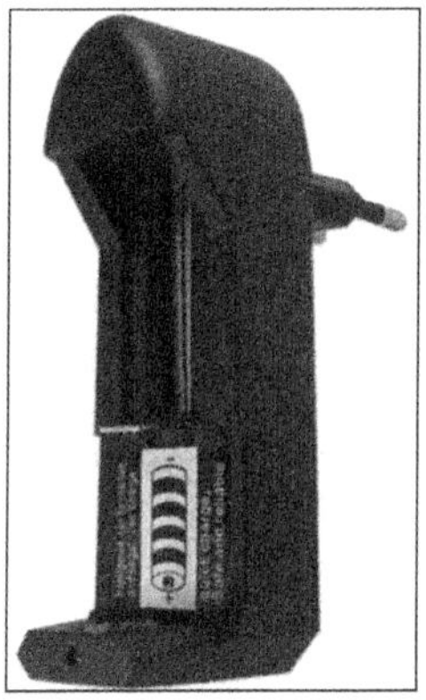

Il primo può ricaricare batterie **Li-ion** o **NiCd** o **NiMH** o di altro tipo.

Per presa elettrica, wireless

Negli anni 2010 si vanno affermando caricatori **senza cavo**, che trasferiscono l'energia all'apparato ricevente per **induzione elettromagnetica**: di fatto sono **antenne molto potenti** che si accoppiano ad antenne sensibili poste all'interno degli apparati, raggiungibili **in prossimità**.

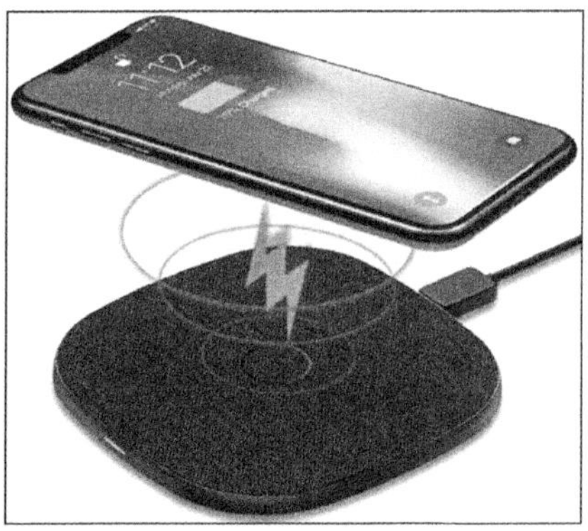

Due **Enti non ufficiali** standardizzano questo settore: il **WPC**-Wireless Power Consortium e la **PMA**-Power Matters Alliance. Il WPC ha definito lo **standard Qi**, molto diffuso (Samsung, Nokia, Apple…), mentre la PMA ha un suo standard diverso. Le **potenze** trasferibili sono di **qualche Watt**.

I "powerbank"

Non possiamo infine passare sotto silenzio gli ormai diffusissimi powerbank, che sono **batterie** (tascabili) **che caricano altre batterie** (quelle dei cellulari, dei tablet, degli e-reader, ecc.).

Si va da oggetti con capacità di **1000-2000 mAh** (come quello a sinistra, capaci al più di dare una **ricarica parziale di emergenza** a uno smartphone, che ha ormai batterie da 4-5000 mAh), a banchi da **50 Ah** (a destra), che possono dare fino a **10 ricariche**, anche in parallelo su più porte di uscita.

Contengono tipicamente batterie al litio da **3,7 V** e si ricaricano da una porta **micro-USB**, come qualunque apparato elettronico. La presenza all'interno di un circuito di **step-up** (innalzatore di tensione) permette loro di offrire una o più **uscite a 5 V** su porte **USB Type A**, con portate da **1**, **2** o **più Ampere**.

Talvolta fungono anche, con un costo aggiuntivo irrisorio, da **torcia led**. La capacità residua del banco può essere indicata con **4 o 5 piccoli led**, quindi con precisione del 20-25%, o da un **display** alfanumerico →.

Le tecniche di ricarica

Oltre alla ricarica a **corrente costante**, o quasi, dei caricabatteria più semplici, le tecniche più **accurate** prevedono, specie per ottenere una **ricarica veloce** (dell'ordine di **1-2 ore**, contro le classiche 10 della lenta) una ricarica di tipo **impulsivo**, di solito sotto forma di **onda quadra**, che concede alla batteria degli intervalli di pausa in cui, ad es., dissipare il calore generato dalla carica.

Altri alimentatori **computerizzati** possono fornire alla batteria in carica una **curva di corrente specifica** per le diverse tecnologie (Li-ion, NiMH, ecc).

6. Forme, dimensioni e sigle, per riconoscerle

Affrontiamo finalmente la **questione più pratica** e quindi, forse, **utile** di questo Tutorial: come riconoscere le varie batterie in base alla foro **forma**, **dimensione** e, soprattutto, alle **sigle** che le caratterizzano.

Il problema è alquanto **complicato**, perché **moltiplica** le diverse **tecnologie** chimiche (tratteremo solo le **10 tipologie più comuni**, già riassunte nella precedente tabella di sintesi, **senza** quindi le batterie **non chimiche**) **per** le varie **forme** e **dimensioni**, portando così a **diverse decine di "modelli"**.

Questi sono poi ulteriormente complicati dal fatto che **ogni modello** può avere **più sigle**… Cerchiamo di trattare il tutto al massimo livello possibile di **semplicità**, ma fornendo dati *possibilmente* **corretti**!

Vari tipi di batterie: da sinistra, batteria da 4,5 volt, torcia (D), mezza torcia (C), stilo (AA), mini stilo (AAA), AAAA, A23, 9 volt, e due pile a bottone.

Di Lead holder - Opera propria, CC BY-SA 3.0, https://commons.wikimedia.org/w/index.php?curid=15389714

Usiamo come **criterio** principale, nel seguito, il **fattore di forma**. In molti casi la **stessa forma** può essere assunta sia da **pile**, sia da **accumulatori**.

Batterie cilindriche lunghe con una cella

Questi **formati** non "a bottone" sono **condivisi** in modo equo tra **pile** e **accumulatori**, di uso **comunissimo** per torce, radioline, ricetrasmittenti, telecomandi, telefoni cordless (DECT), periferiche Bluetooth, giocattoli, ecc.

Useremo, per designarle, il **<u>nome più comune</u>** usato sul mercato, sottolineato; la denominazione dello **standard IEC 60086** e, se definito, il **nome ANSI**; aggiungiamo **altre definizioni**, se sono più o meno note e diffuse.

Indichiamo il loro **diametro** in **millimetri** come "**D=xx**", e la **lunghezza** o **altezza** o "**spessore**" (termine più adatto per le batterie cilindriche, ma "a bottone" o piatte), sempre in **millimetri**, come "**L=yy**".

Premessa sulla batterie cilindriche al litio (Li-XX)

Le batterie al **litio**, sia **pile** (P4 e P5), sia **accumulatori** (A3, A4 e A5), prendono il **nome** in base alle loro **dimensioni** (es. **14505**), come vediamo nel seguito.

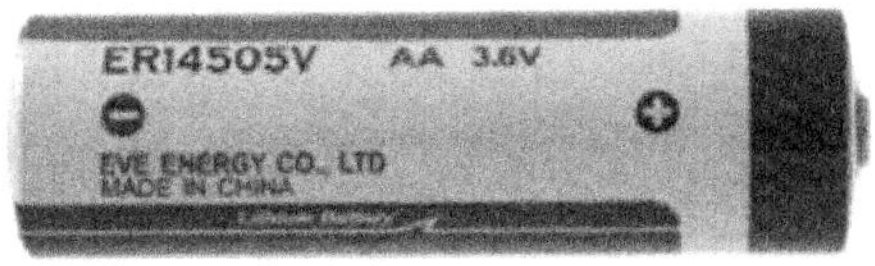

Formato <u>torcia</u> o D (o Mono, AM1, KD, ecc.)

Sono presentate, nell'**immagine** a inizio capitolo, in **seconda** posizione; hanno **D=34,2** e **L= 61,5**. In base alla **tecnologia** sono così denominate:

- **Zinco-carbone** (P1): IEC=**R20**; ANSI=**13D**
- **Alcaline** (P2): IEC=**LR20**; ANSI=**13A**; Duracell=**MX1300**
- **NiCd** (A6): IEC=**KR20**; ANSI=**non definito (n.d.)**
- **NiMH** (A2): IEC=**HR20**; ANSI=**n.d.**; Duracell=**MN1300**

Formato <u>mezza torcia</u> o C (o Baby, 4014)

Sono presentate, nell'**immagine** a inizio capitolo, in **terza** posizione; hanno **D=26,2** e **L= 50**. In base alla **tecnologia** sono così denominate:

- **Zinco-carbone** (P1): IEC=**R14**; ANSI=**14D**
- **Alcaline** (P2): IEC=**LR14**; ANSI=**14A**; Duracell=**MX1400**
- **NiCd** (A6): IEC=**KR14**; ANSI=**n.d.**
- **NiMH** (A2): IEC=**HR14**; ANSI=**n.d.**; Duracell=**MN1400**

Formato <u>stilo</u> o <u>AA</u> (o Mignon, UM3, AM3)

Sono presentate, nell'**immagine** a inizio capitolo, in **quarta** posizione; hanno **D=14** e **L=50/50,5**. In base alla **tecnologia** sono così denominate:

- **Zinco-carbone** (P1): IEC=**R6**; ANSI=**15D**
- **Alcaline** (P2): IEC=**LR6**; ANSI=**15A**; Duracell=**MX1500**
- **NiCd** (A6): IEC=**KR157/51**; ANSI=**1.2K2**
- **NiMH** (A2): IEC=**HR6**; ANSI=**1.2H2**; Duracell=**MN1500**
- **$LiFeS_2$** (A4?): IEC=**FR6**; ANSI=**15LF**

Formato ministilo o AAA (o UM5, AM4)

Sono presentate, nell'**immagine** a inizio capitolo, in **quinta** posizione; hanno **D=10,5** e **L= 44,5**. In base alla **tecnologia** sono così denominate:

- **Zinco-carbone** (P1): IEC=**R03**; ANSI=**24D**
- **Alcaline** (P2): IEC=**LR3/LR03**; ANSI=**24A**; Duracell=**MX2400**
- **NiCd** (A6): IEC=**KR03**; ANSI=**n.d.**
- **NiMH** (A2): IEC=**HR03**; ANSI=**n.d.**; Duracell=**MN2400**
- **$LiFeS_2$** (A4?): IEC=**FR03**; ANSI=**24LF**

Formato microstilo o AAAA (o E96) – *più rare delle 4 precedenti*

Sono presentate, nell'**immagine** a inizio capitolo, in **sesta** posizione; hanno **D=8** e **L= 42**. In base alla **tecnologia** sono così denominate:

- **Zinco-carbone** (P1): IEC=**R8D425**; ANSI=**25D** *(ma forse non esistono)*
- **Alcaline** (P2): IEC=**LR8D425/LR61**; ANSI=**25A**; Duracell=**MX2500**
- **NiMH** (A2): IEC=**HR61**; ANSI=**n.d.**; Duracell=**MN2500**

Formato N o LR1 (o minimicro, Lady, MN9100, E90, 910A, AM5)

Pila **alcalina** da 1,5 V, con **D=12** e **L=30,2.**

Formato 18650

Come le **seguenti** batterie cilindriche al **litio** (dei tipi P5, A3, A4, A5), il loro **codice** indica il **diametro** in **mm** e la **lunghezza** o "spessore" in **decimi di mm**; quindi le **18650** hanno **D=18** e **L=65**. Non ci risulta che abbiano anche altri codici, in particolare né IEC, né ANSI. Sono **molto diffuse**!

Si ricaricano coi **caricabatterie** indicati in precedenza, nell'apposito **vano**. Sono usate nelle **torce** elettriche, nelle **e-bike**, nelle **auto** e **scooter** elettrici, nelle **sigarette** elettroniche e nei **pacchi batteria** dei Laptop.

Formato 16340

Sono simili alle **precedenti**, ma un po' più piccole (**D=16**, **L=34**); stessi **usi**.

Si ricaricano con lo stesso **caricabatterie** delle 18650 e… vedi sotto.

Formato 14500 e 14250

Batterie della stessa serie, con **D=14** e diverse lunghezze (**L=50** ed **L=25**). Come è facile verificare, la **14500** (e la sua lieve variante **14505**) è della **stessa misura** di una **stilo AA**.

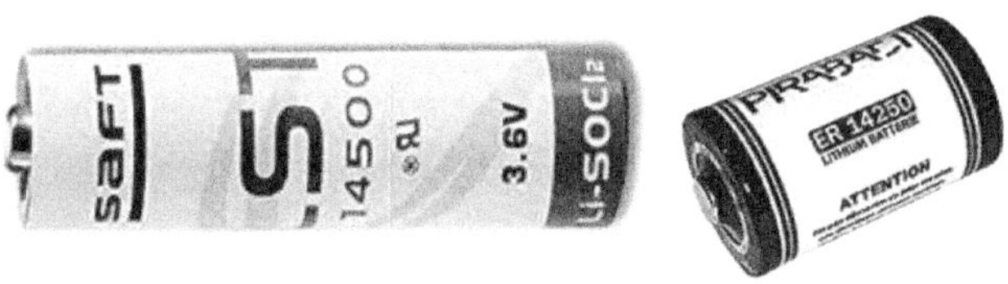

Formati simili delle batterie al litio

Il **caricabatterie Li-ION LC 200 →** dichiara di essere adatto per ricaricare tutti i seguenti tipi di batterie simili, che come si vede sono **una decina**… ma escludono, per motivi **meccanici** (la molla di tenuta non riesce a catturarle), quelle **più corte di 33 mm**, come ad es. le **14250**, e quelle **più larghe di 26 mm**, come le "**torcia**" **34615** (P5, a pag. 11, che però **non** è agli **ioni di litio**) o altri "giganti" (**38120**, **38140**, **40160**, ecc.)

Batterie cilindriche lunghe con più celle

Anche in questo settore si trovano sia **pile**, sia **accumulatori**, e le dimensioni sono tipicamente quelle di **piccole** batterie per **telecomandi** e **apricancelli**.

La "torcetta" (o 2R10, 2R10A – 3 Volt)

È *(crediamo)* la più **storica** pila a **più celle**, usata in alcuni **tester**; aveva 2 celle zinco-carbone (P1) da 1,5 V in serie, ed era piuttosto grande: **D=21** e **L=73**.

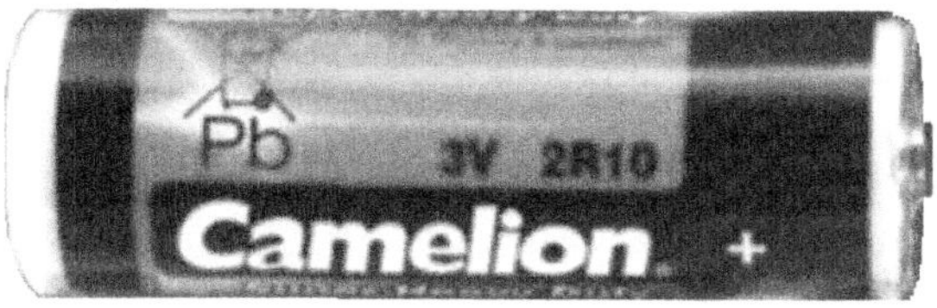

Non è quasi più **sul mercato**; rari produttori (es. Camelion) si sono dedicati a produrne esemplari **simili**, per una **nicchia** sempre più ridotta.

Formato MN11 (o V11A, 11A, A11, LR11, L1016 – 6 Volt)

Sono pile **alcaline** (P2) con **D=10** e **L=16**, usate anche in dispositivi **medici**.

Formato MN21/23 (o V23A, A23, LR23, L1028 – 12 Volt)

Sono pile **alcaline** (P2) con **D=10** e **L=28**.

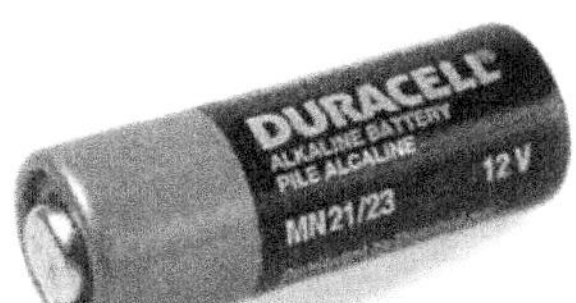

Formato MN27 (o V27A, A27, LR27, L828 – 12 Volt)

Sono pile **alcaline** (P2) con **D=8** e **L=28,2**.

Formato **<u>28L</u>** **(o PX28L, 2CR11108, 2CR1/3N, L544 – 6 Volt)**

Sono pile **al litio** (P4) con **D=13** e **L=25** per le macchine fotografiche.

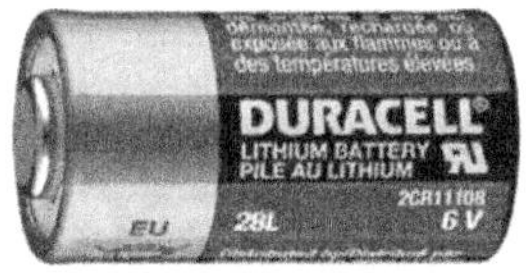

Formato **<u>CR123</u>** **(o 123, CR123A, CR17345, 5018LC – 3 Volt)**

Sono pile **al litio** (P4) con **D=17** e **L=34,5** per le macchine fotografiche.

Formato **<u>CR2</u>** **(o CR17355, 5046LC, EL1CR2 – 3 Volt)**

Sono pile **al litio** (P4) con **D=15,6** e **L=27** per le macchine fotografiche.

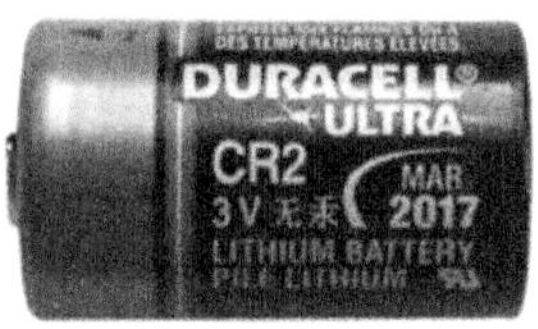

Un po' di spazio qui permetterà di aggiungerne altre simili, che spuntano come funghi…

Batterie rettangolari (o quasi)

Formato <u>MN1203</u> (o 3R12, 3LR12, 1289/AD28, 210, ecc. – 4,5 Volt)

Sono batterie sia **zinco-carbone**, sia **alcaline**, di dimensioni **62*67*20 mm** (base*altezza*spessore) presentate, nell'**immagine** iniziale del capitolo, in **prima** posizione, ma che qui riportiamo, per comodità, in un diverso modello (a destra). Erano usate nei **giochi** e nelle **torce**, per cui prendono anche il nome generico di "**lantern battery**". *Un altro tipo di queste batterie, ma a 6 Volt, più usato negli Stati uniti, è a base quadrata, con terminali a molla (a sinistra):*

Formato <u>Transistor</u> (o 6LP3146, 6F22, 6xR61, 1604x, PP3 – 9 Volt)

La **più diffusa** batteria rettangolare è la cosiddetta "**Transistor**" da **9 Volt**, perché alimentava le prime **radioline**. Le dimensioni sono **48,5*26,5*17,5**.

Esiste sia come **pila**, zinco-carbone, alcalina o al litio, sia **ricaricabile** di vario tipo, che però offre da **7,2 Volt** (con 6 elementi) a **8,4 Volt** (con 7 elementi); quelle di tipo **P5** danno **10,8 Volt** (con 3 elementi) → vedi sotto.

I nomi IEC sono **6F22** per la zinco-carbone, **6LR61** per la alcalina, **6KR61** per la NiCd e **6HR61** per la NiMH; quelli ANSI sono **PP3** o **1604x**, con x=D/A/LC…; il nome Duracell è **MX/MN1604**; è detta anche **E-block**.

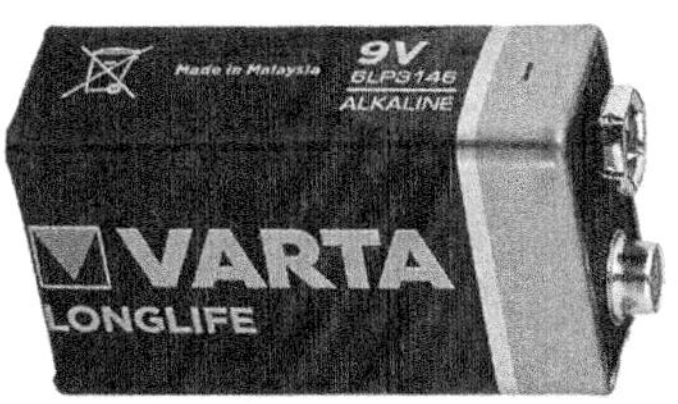

P5:

Formato 223 (o DL223A, CRP2 – 6 Volt)

Sono pile **al litio** (P4) di dimensioni **36*35*19**, per le macchine fotografiche.

Formato 245 (o DL245(A), 2CR5 – 6 Volt)

Sono pile **al litio** di dimensioni **36*35*19,5**, per le macchine fotografiche. Come si vede, sono molto simili, e delle **stesse dimensioni** delle precedenti 223, ma hanno i **terminali sullo spigolo**, e non al centro del lato piccolo.

Altri esempi di batterie rettangolari

Sono di **diversi formati**, ma comunque **non cilindrici**, le seguenti batterie:

- Quelle per **autotrazione** (A1, vedi pag. 15)
- Quelle per il **modellismo** e usi simili (A3, vedi pag. 17 in alto)
- Quelle per gli **allarmi** e applicazioni simili (A4, vedi pag. 17 in basso)
- Quelle per gli **attrezzi** di lavoro (vedi STIHL, pag. 25) *e soprattutto…*
- Quelle per gli **smartphone**, sostituibili → o nascoste all'interno, di **mille misure** diverse, ma tutte da **3,6** o **3,7 Volt** (quindi A3 o A5).

Batterie "a bottone", o piatte, o "coin cells"

Di queste batterie è letteralmente **pieno il mondo**, e servono soprattutto per gli **orologi**, le **calcolatrici**, e altri **piccoli** apparati elettronici.

Per riconoscerle e catalogarle occorre una particolare **attenzione**, dato che gli standard di **formato** sono molteplici, come le relative **sigle**... Per fortuna, ci sono praticamente **solo pile** a bottone, **non ricaricabili**, escluse le **zinco-carbone**, che non sono prodotte, e le **zinco-aria**, delle quali preferiamo non occuparci; ciò sfoltisce non poco la possibile casistica a P2, P3, P4 e P5.

Pile piatte alcaline e all'ossido di argento (tipi P2 e P3 – 1,5-1,55 Volt)

Le pile **alcaline** e quelle all'**ossido di argento** sono spesso **intercambiabili**, per la tensione simile (3-4% circa di differenza) e la durata analoga.

P2: 

←→ **P3:** 

= 

Quelle **alcaline** hanno una **tensione** che cala con l'uso, e **minore capacità** a pari volume; sono identificate dalla sigla **LR** o **AG** (che NON vuol dire Argento, sigh!). Quelle all'**ossido di argento** hanno **tensione** più stabile e il **50%** in più di carica; usano invece la sigla **SR** o **SG** (la "**S**" sta per Silver). I **numeri** che identificano il modello e le sue dimensioni sono invece **uguali**; indichiamo il **Diametro** e lo **Spessore** in **mm** con: **D=x – S=y**.

Wikipedia, in https://it.wikipedia.org/wiki/Tipi_di_batterie, ne elenca 28 modelli, ma ne presentiamo qui solo alcuni (in **rosso** quella delle foto):

- **LR41**, SR41, AG3, LR736, 192, 384, 392, 1135SO; **D=7,9 – S=3,6**
- **LR43**, SR43, AG12, LR1142, 186, 301, 386, 1133SO; **D=11,6 – S=4,2**
- LR44, SR44, AG13, LR154, LR1154, A76, S76, GPA76, 157, 303, 357, 1166A, 1107SO, 1131SOP; **D=11,6 – S=5,4**; *è comunissima*!
- **LR48**, SR48, AG5, LR754, 193, 309, 393, 1136SO; **D=7,9 – S=5,4**
- **LR54**, SR54, AG10, LR1130, 189, 387, 389, 1138SO; **D=11,6 – S=3,1**
- **LR55**, SR55, AG8, LR1120, 191, 381, 391, 1160SO; **D=11,6 – S=2,1**
- **LR57**, SR57, AG7, LR926/7, 195, 395, 399, 1165SO; **S=9,5 – S=2,7**

- **LR59**, SR59, AG2, LR726, 196, 396, 397, 1163SO; **D=7,9 – S=2,6**
- **LR60**, SR60, AG1, LR621, 164, 363, 364, 1175SO; **D=6,8 – S=2,1**
- **LR63**, SR63, AG0, LR521, SR521, 379; **D=5,8 – S=2,1**; *è piccola!*
- **LR66**, SR66, AG4, LR626, 177, 376, 377, 1176SO; **D=6,8 – S=2,6**
- **LR69**, SR69, AG6, LR920, LR921, 171, 370, 371; **D=9,5 – S=2,1**
- **LR516**, SR516, SR516SW, 317; **D=5,8 – S=1,6**
- **LR416**, SR416, SR416SW, 337; **D=4,8 – S=1,6**
- **SR712**, SR712SW, 346; **D=7,9 – S=1,3**; *no codice AG=no alcalina*
- **SR714**, SR714SW, 341; **D=7,9 – S=1,4**; *no codice AG=no alcalina.*

Aggiungiamo un'altra **tabella** scaricata dal Web (che ne offre varie) sulle equivalenze principali, organizzata per **codice AG crescente**.

Modello Cod.	Oggetto Cod.	Diametro mm	Altezza mm	Volt V	Capacità (mAh)	Carica Ω	Durata Ore	Peso g
AG0	Lr521	5.75	2.05	1.50	10	56K	310	0.22
AG1	Lr621	6.75	2.00	1.50	13	68K	630	0.25
AG2	Lr726	7.85	2.50	1.50	26	22K	490	0.44
AG3	Lr41	7.85	3.50	1.50	35	22K	670	0.57
AG4	Lr626	6.75	2.50	1.50	18	47K	690	0.31
AG5	Lr754	7.85	5.30	1.50	58	22K	920	0.90
AG6	Lr920	9.45	2.00	1.50	32	15K	320	0.55
AG7	Lr926	9.45	2.50	1.50	46	15K	400	0.64
AG8	Lr1120	11.55	2.00	1.50	45	15K	570	0.79
AG9	Lr936	9.45	3.50	1.50	56	15K	550	0.86
AG10	Lr1130	11.55	3.00	1.50	68	15K	850	1.11
AG11	Lr721	7.85	2.00	1.50	20	7.5K	415	0.38
AG12	Lr43	11.55	4.10	1.50	100	7.5K	610	1.47
AG13	Lr44	11.55	5.3	1.50	148	7.5K	880	1.92
	Lr932	9.45	3.1	1.50	50	15K	490	0.75

Pile piatte al litio (tipo P4 – 3 Volt)

Sono definite da IEC con le sigle **CRddhh**, con **dd**=diametro in millimetri, e **hh**=altezza o spessore in decimi di millimetro, mentre ANSI (codice più raro) le denomina **50xxLC**, con **xx** *apparentemente* arbitrario, e **LC**=Lithium Cell.

I modelli più diffusi sono (anche se Wikipedia, allo stesso link, ne elenca 23):

- **CR1025** (5033LC), da 30 mAh, *detta anche "micropila"* →

- **CR1216** (5034LC), da 25 mAh, *idem*

- **CR1620** (5009LC), da 75 mAh, *spesso usata negli orologi*
- **CR2016** (5000LC), da 90 mAh, *anch'essa negli orologi CASIO*
- **CR2025** (5003LC), da 160 mAh, *sulle motherboard dei PC*
- **CR2032** (5004LC), da circa 200 mAh, *anch'essa è in alcuni PC*
- **CR2430** (5011LC), da 280 mAh, *in alcuni telecomandi*
- **CR2450** (5029LC), da 610 mAh, *anch'essa in alcuni telecomandi*
- **CR2477**, da 1000 mAh, *è molto grossa!* →
- **CR3031**, da 550 mAh
- **CR11108** (CR1/3N), da 160 mAh.

Pile piatte al litio e cloruro di tionile (tipo P5 – 3,6 Volt)

Eccone un esempio di TADIRAN, la **SL-889**, da 1000 mAh; non dice in etichetta di essere una **$LiSOCl_2$**, ma una "**Lithium Inorganic**" (?); ha i terminali sotto, da c. s. (D=33) →

Sempre di TADIRAN, la **TL-2450** è *con tutta evidenza* un pila **T**adiran al **L**itio, ma di **tipo P5** (**$LiSOCl_2$**), come si vede dalla tensione erogata (3,6 V) ed ha una capacità di 550 mAh →

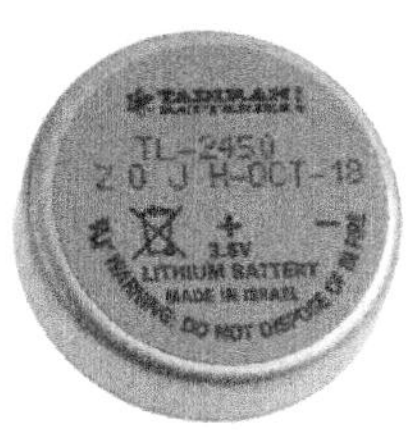

Eccezioni: batterie a bottone al litio, ricaricabili!

Fatta le legge, trovato l'inganno! Appena si afferma che le batterie a bottone sono **solo pile**, qualcuno mette sul mercato degli **accumulatori a bottone**.

Quella di **Maxwell** da **3 Volt** non rientra esattamente in quelle sopra descritte, perché **non** abbiamo classificato alcun accumulatore al litio che dia proprio **questa tensione**, e ha una **lega di alluminio** all'anodo. Il suo Data Sheet dichiara che è una: "Li-Al Alloy-Manganese Dioxide/Organic Electrolyte".

Maxwell **ML2032**, 3 Volt, da 65 mAh →

La **LIR2032**, prodotta ad es. da **PowerStream**, è di tipo A3, e il relativo Data Sheet parla di una tensione nominale da **3,7 Volt**, anche se sulla batteria viene stampigliato **3,6V**.

LIR2032, Li-ion, 3,6 – 3,7 Volt, da 40 mAh →

LIR2440, Li-ion, 3,6 Volt, da 145 mAh →

I loro **codici** sono **diversi** da quelli canonici; supponiamo ad esempio che **ML** stia per **M**axwell **L**ithium, e che **LIR** stia per **Li**thium **R**echargeable…

Tabella di sintesi delle batterie a bottone

Cerchiamo di riassumere, dopo tutta la **pioggia di sigle**, i codici principali su cui soffermarsi per **riconoscere** una Button cell. Ricordiamo che:

- la "**A**" sta per **Alkaline**, *ma la "**G**" della sigla "**AG**"… se la sono inventata!*
- la sigla "**LR**" sta anch'essa per **Alkaline**, *e non c'entra il **Lithium**!*
- la "**S**" sta per **Silver**, e "**SO**" per **Silver Oxide**, *ma **AG** non è l'Argento!*
- le pile al **litio** iniziano con un *improbabile* "**CR**" *o un più raro "**BR**".*

Codice iniziale	Esempio	Tecnologia
- **numerico** puro	377	Tipico delle **pile alcaline o Ag_2O** (P2 o P3) = AG4 o SR66
- **AG**xx	AG13	Tipico delle **pile alcaline** (P2) = LR44 e a LR1154
- **LR**xx	LR41	Tipico delle **pile alcaline** (P2) = AG3 e a LR736
- **SG**xx *(raro)*	SG13	Tipico delle **pile all'ossido di Ag** (P3) = equiv. a AG13
- **SR**xx	SR41	Tipico delle **pile all'ossido di Ag** (P3) = equiv. a LR41
- **11**xx**SO**	1138SO	Tipico delle **pile all'ossido di Ag** (P3) = SR54
- **BR**xxxx	BR2025	Tipico delle **pile al litio** e monofluorato di manganese (P?)
- **CR**xxxx	CR2025	Tipico delle **pile al litio** (P4); *sigla più rara = 5003LC*
- **SL**-xxx	SL-889	Specifico delle pile (P5) Tadiran al **S**ulfur ($SOCl_2$)+**L**itio
- **TL**-xxxx	TL-2450	Specifico delle pile (P5) **T**adiran al **L**itio+Cloruro di tionile
- **ML**xxxx	ML2032	Specifico degli accumulatori **M**axwell al **L**itio (A?), ricaricabili
- **LIR**xxxx	LIR2440	Specifico degli accumulatori al **Li**tio (A3), ricaricabili

7. Cambiamo la batteria del nostro laptop

Cominciamo riconoscendo un dato di fatto: i **portatili più recenti**, leggeri e sottili, come anche molti **tablet** e **smartphone**, **non** hanno più la batteria **estraibile**. Sono apparati monoblocco, magari pure con l'etichetta: "Do not disassemble this device", per essere **sostituiti** quando la batteria non regge più, o per venire aperti solo dal **produttore**, o... dal **cinese** del quartiere.

Eppure, con un po' di **manualità**, la batteria può spesso essere sostituita anche dal proprietario, in modo artigianale: su Internet si trova di certo qualche **tutorial filmato** che mostra come si fa, per il modello di interesse.

Le batterie rettangolari e piatte per apparati **monoblocco** sono difficilmente classificabili, e **non ce ne occupiamo**: se vanno sostituite, bisogna armarsi di coraggio, aprire l'apparato, vederne la **sigla esatta**, e cercare su Internet qualche prodotto originale o compatibile per sostituirle. Hanno spesso anche un **attacco** interno speciale, ad esempio basato su **flat-cable →**.

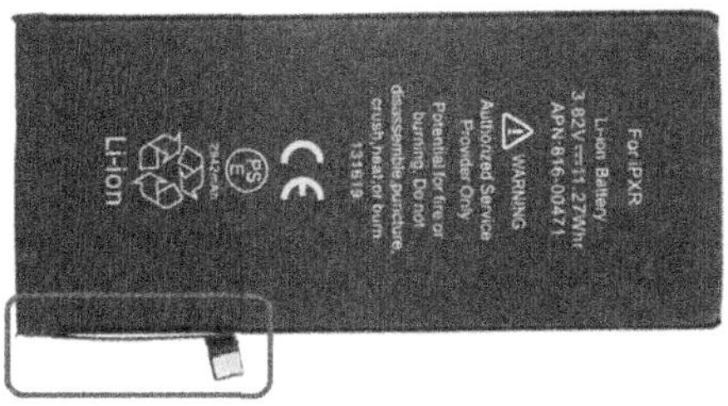

D'altra parte, comunque, sono spesso proprio i **PC più vecchi**, con batteria **rimovibile**, che hanno bisogno di cambiarla, dato che essa non tiene più di **un'ora**, o addirittura di **pochi minuti**, o si è **gonfiata**, o perde **liquidi**, o viene data per **guasta** dal programma di gestione nel Sistema Operativo (ad es. col led di carica che lampeggia giallo, e non diventa mai verde).

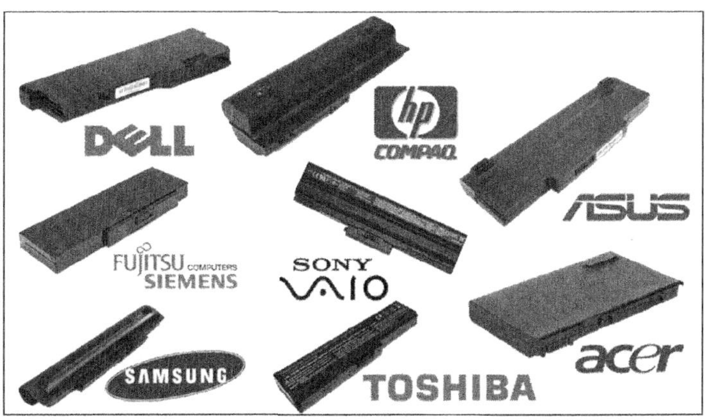

Le batterie rimovibili: alcuni consigli

Queste batterie sono spesso basate su **4** o **6 elementi**, tipicamente di tipo **18650**; alcune hanno **4-5 led** per indicarne la **carica →**.

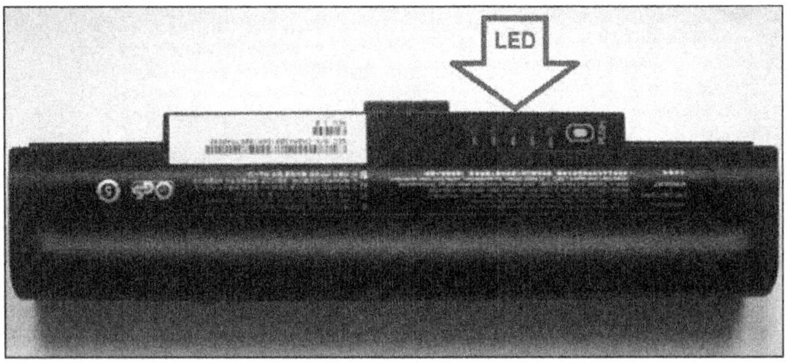

La loro sostituzione è molto più **semplice** di quelle precedenti, essendo fatte apposta come **CRU**-Customer Replaceable Units, e bisogna:

- Leggere la **sigla** del modello di batteria (o Product ID); inutile fare **esempi**, dato che sono **geroglifici specifici** di ogni produttore →

- Tenerne ben d'occhio la **forma** e le **dimensioni**, per non sbagliarsi
- Vederne bene la **tecnologia** (spesso **Li-ion**), che dev'essere **rispettata**
- Vedere la **tensione** "V" fornita (ad es. 11,1 V per ACER e ASUS, o 14,4 /14,8 V per HP, o 19 V ecc.), anch'essa da **rispettare** con rigore
- Vedere la **capacità** (es. 5.000 **mAh**), che per noi sarà quella **minima**. Se è indicata in **Wh** (**Wattora**), tenere presente che Wh=Ah*V
- Annotare la **marca del PC** e della **batteria**, come **ultima cosa**; tanto ne prenderemo di solito una **compatibile**, che costa la metà di quella originale di marca, e dura solo un po' di meno (forse, se **di qualità**).

Ci sono sul mercato **diversi produttori** di buone batterie compatibili: Green Cell, DTK, NinjaBatt, N1ET, RDY, BLESYS, ASUNCELL, ARyee, ecc.

I **costi** possono variare **dai 25 ai 50 euro**, contro i 70 minimi delle originali.

Printed in Great Britain
by Amazon

70162031R00025